ASSOCIATION FRANÇAISE

POUR

L'AVANCEMENT DES SCIENCES

CONGRÈS DE NANTES

1875

M

PARIS

AU SECRÉTARIAT DE L'ASSOCIATION

76, rue de Rennes.

Association Française pour l'avancement des Sciences

M. le Dr E. MASSE

Agrégé et chef des travaux anatomiques de la Faculté de Médecine de Montpellier.

DE LA RÉUNION IMMÉDIATE APRÈS L'OPÉRATION DE LA HERNIE ÉTRANGLÉE

— *Séance du 26 août 1875.* —

Le traitement des plaies consécutives à l'opération de la hernie étranglée a subi différentes fluctuations.

Tantôt la réunion immédiate a été pratiquée d'une manière absolue et exclusive, tantôt au contraire, effrayés par des accidents qu'ils attribuaient à ce mode de réunion, les chirurgiens ont eu recours à la méthode opposée. L'une et l'autre de ces deux méthodes ont eu leurs succès et leurs revers.

L'étude attentive des observations soit en faveur, soit à la charge de l'un de ces deux traitements, peut servir à en établir les indications et les contre-indications.

Je veux chercher, à l'aide des faits, à réhabiliter la réunion immédiate comme moyen de pansement des plaies après l'opération de la hernie étranglée. Cette méthode, dès l'abord, trop systématiquement employée me paraît aujourd'hui trop systématiquement délaissée.

En 1865, M. Gosselin, dans ses leçons sur les hernies abdominales, après avoir préconisé consécutivement à l'opération de la hernie le pansement à plat sans réunion, disait : « Assurément je serais disposé à changer d'avis si les partisans de la suture apportaient assez de faits probants en faveur de la réunion. »

Les faits cliniques que demande M. Gosselin, pour juger de la valeur
de la réunion immédiate et de son utilité dans certains cas, nous sont
fournis en foule par l'histoire de la chirurgie, mais, bien que nombreux,
ils ne sauraient faire complétement abandonner la méthode opposée
qui a aussi ses indications.

La réunion immédiate après l'opération de la hernie est employée
par un grand nombre de chirurgiens depuis près de trois siècles. On ne
saurait nier les nombreux succès obtenus, comme on ne saurait cacher
un certain nombre de revers.

Les chirurgiens qui ont suivi la méthode opposée sont loin d'avoir
été constamment heureux.

En présence des succès réels obtenus par l'un ou l'autre traitement,
on peut chercher à savoir s'il n'y a pas dans les diverses conditions
dans lesquelles se sont trouvés les malades des circonstances favorables, à l'emploi de l'une ou de l'autre méthode. La plaie pouvant guérir
par ces deux moyens, il doit y avoir des indications différentes pour
chacun d'eux.

L'éloignement systématique de certains chirurgiens pour la réunion
immédiate, me paraît tenir aux nombreux inconvénients de cette
méthode dans le milieu où ils opèrent. Dans les grandes villes, rien de
plus fréquent que les suppurations prolongées et abondantes après
les opérations. Les complications les plus graves des plaies y sont très-
fréquentes, on y voit très-souvent l'infection purulente, la phlébite, la
lymphangite, la pourriture d'hôpital et l'érysipèle. Le germe de toutes
ces maladies existe probablement à l'état permanent dans l'atmosphère
viciée des grandes agglomérations, dans les grandes villes et leurs grands
hôpitaux.

Dans certaines conditions défavorables, rien de plus rare que le
succès d'une réunion immédiate, et dès lors les inconvénients de cette
méthode sont bien plus grands que ses avantages.

Si la cause de la réunion immédiate a été si vivement défendue en
province et principalement à Montpellier, par Delpech et par Serres, et
plus récemment par M. Bouisson et M. Courty, et dans un précédent
congrès à Lyon, par M. Jacquemet, c'est que la réunion des plaies se
fait dans des conditions bien plus favorables en province qu'à Paris. Il
y a dans la question de l'opportunité de la réunion immédiate ou de la
réunion par seconde intention, une condition de milieu.

D'autres circonstances ont encore de l'influence sur la réunion et la
cicatrisation des plaies. Nul doute que les climats et les saisons n'aient
une certaine influence. Il faut encore tenir grand compte des conditions individuelles de tempérament et de résistance vitale des différents sujets.

Si de cette question générale nous arrivons à discuter l'opportunité de la réunion après la hernie étranglée, nous verrons qu'il existe des indications dans la nature et le volume de la hernie, dans l'ancienneté de l'étranglement les tentatives plus ou moins répétées de taxis. Les conditions spéciales dans lesquelles se trouve la hernie que l'on vient d'opérer, doivent servir à calculer par avance les chances plus ou moins grandes d'inflammation du sac, et par conséquent l'utilité d'une réunion par première intention.

En analysant avec soin les succès publiés par l'une et l'autre méthode, on peut arriver à fixer les règles qui doivent servir pour l'emploi de l'un ou de l'autre traitement. Beaucoup de chirurgiens considèrent aujourd'hui la suppuration du sac comme un phénomène inévitable après l'opération, la réunion immédiate leur paraît devoir forcément produire la péritonite par la fusée du pus dans le péritoine. L'histoire des nombreux succès obtenus après la réunion immédiate prouve tout au moins que cette méthode est loin d'être toujours nuisible. J'espère au contraire prouver qu'elle est très-souvent utile.

L'intervention chirurgicale dans l'étranglement herniaire date de Franco, qui fit le premier, vers le milieu du seizième siècle, le débridement de l'anneau. Franco rapprochait les bords de la plaie et les contenait par quelques points de suture. Ambroise Paré, vers 1575, Rousset, en 1580, Pigray, Thevenin, vers la même époque, réunissaient par la suture, après l'opération de la hernie étranglée.

Cette méthode fut exclusivement suivie jusque vers la fin du XVIIᵉ siècle. A cette époque, les chirurgiens abandonnèrent la réunion immédiate, le traitement opposé devint en vogue; il fallait alors à tout prix éviter l'occlusion de la plaie, provoquer la suppuration et n'arriver à la guérison que par la formation lente d'une cicatrice, après le bourgeonnement du sac et de son collet. On se servait d'une tente que l'on portait à travers l'anneau jusqu'à ce qu'elle débordât dans la cavité du bas ventre, on ôtait cette mèche quand la suppuration était bien établie pour lui en substituer une autre moins grosse et moins longue, et on ne supprimait la mèche que quand la plaie était devenue trop étroite pour l'introduire; on espérait ainsi s'opposer mieux aux récidives, obtenir la cure radicale de la hernie, et faciliter l'écoulement des liquides qui pouvaient se produire, soit dans le trajet herniaire, soit dans le sac.

Au commencement du XVIIIᵉ siècle, J.-L. Petit proposa de supprimer la mèche après l'opération de la hernie; il reconnut que sa présence fatiguait les parties; elle était inutile, disait-il, car il ne s'écoulait aucune humeur du ventre, et les intestins réduits n'avaient aucune tendance à sortir; il recouvrait la plaie d'une pelotte de linge ou de charpie, il exerçait sur elle un peu de compression pendant les premiers jours.

La plupart des chirurgiens, sous l'influence de J.-L. Petit, délaissèrent bientôt l'introduction de la mèche, eurent recours à la pelotte, mirent la plaie à l'abri de l'air et firent une espèce de pansement par occlusion avec une compression susceptible de faire adhérer les parois opposées de la séreuse au niveau du sac et de son collet.

Toutefois une réaction survint, en 1745, Mertrud, membre du collége de chirurgie de Paris, professait dans ses démonstrations au jardin des plantes, que la plaie qui résulte de l'opération de la hernie peut être regardée comme une plaie simple, et qu'elle ne demande que la réunion. Si on en rapproche les bords sans y introduire ni tente, ni pelotte, ni bourdonnet, le malade, dit-il, sera guéri en sept ou huit jours au lieu de six semaines ou deux mois, et quelquefois plus, que l'on emploie ordinairement, et par là on évitera toutes les douleurs qui causent de si longs et de si fâcheux pansements. Mertrud obtint un grand nombre de succès par cette méthode de traitement, qu'il suivait exclusivement dans sa pratique.

Plusieurs chirurgiens contemporains de Mertrud suivirent son exemple. Leblanc, Morand, adoptèrent cette méthode dans leur pratique, et Hoin ne manquait jamais de l'employer. Sabatier, le savant auteur de la médecine opératoire en 1796, après avoir longuement exposé les différentes méthodes de pansement, se décidait dans son ouvrage pour la réunion après l'opération de la hernie étranglée. Il est certain, dit-il, que la plaie qui résulte de l'opération de la hernie peut, en quelque sorte, être considérée comme une solution de continuité faite aux parties saines ; il n'y a rien de mieux à faire, dit-il, que d'en rapprocher les bords.

Au commencement du XIXᵉ siècle, les opinions furent partagées ; quelques chirurgiens maintinrent les traditions de Dionis, de J.-L. Petit; d'autres suivirent l'exemple de Franco et Mertrud. Nous pourrions citer parmi les partisans de la suture Astley Cooper, Serre, Vidal de Cassis, Nélaton, Malgaigne. Parmi les partisans de la réunion secondaire, et à leur tête, se trouvent Boyer, Sedillot, Guérin, Chassaignac, Richard.

Les partisans de la réunion immédiate, bien que d'accord sur le but à obtenir, ont varié sur le choix des moyens.

Quelques-uns ont cherché à obtenir la réunion par des points de suture comprenant à la fois la peau et la séreuse; d'autres ont substitué à la suture simple une double suture : l'une profonde et enchevillée, l'autre superficielle et en surjet.

Quelques chirurgiens ne comprennent que la peau dans la suture, d'autres évitent même toute suture dans les lèvres de la plaie, tout en cherchant la réunion immédiate. On peut arriver quelquefois au même résultat en rapprochant les bords de la plaie avec des serres fines, avec des agglutinatifs ou même avec des pinces caustiques.

Tous les chirurgiens ne recherchent pas d'emblée une réunion immédiate, quelques-uns ont recours à une méthode mixte, ils réunissent la plus grande partie de la plaie pour éviter le contact irritant de l'air et pour prévenir l'inflammation, obtenir la réunion, mais en cas d'insuccès de suppuration profonde, ils laissent un point non réuni dans la partie la plus déclive de l'incision ; on a même conseillé de faire en ce point un drainage préventif, en y plaçant un tube de caoutchouc.

La crainte des suppurations profondes du sac, des exhalations péritonéales que quelques chirurgiens regardent comme inévitables, a fait complétement proscrire, par un certain nombre d'opérateurs, non-seulement la suture, mais même le rapprochement des lèvres de la plaie. Ces chirurgiens ont toutefois conseillé le pansement ouaté pour éviter le contact de l'air, et une certaine compression, soit avec une pelotte, soit avec de la charpie.

Enfin une dernière école, et qui paraît avoir aujourd'hui peu d'adhérents, est celle des chirurgiens qui recherchent la suppuration du sac, qui la provoquent par des bourdonnets de charpie ou bien par une mèche, pour obtenir la formation de tissu inodulaire. Sous le prétexte ou le désir d'une cure radicale , ces chirurgiens exposent leurs malades à la péritonite et à la mort.

Je crois que l'on peut tout d'abord établir en principe que chercher la cure radicale de la hernie au détriment des chances de conservation de la vie, n'est pas d'une saine pratique chirurgicale. Il s'agit de sauver le malade d'un péril imminent et non de lui supprimer pour toujours une infirmité.

On aura d'autant moins de peine à laisser de côté cette préoccupation, qu'il est loin d'être prouvé que la suppuration met à l'abri de la récidive. Delpech lui-même soumettait à l'usage d'un bandage les malades qui avaient été traités par son procédé. Il ne vaut réellement pas la peine de s'exposer à un danger plus considérable pour obtenir une cicatrice si peu solide qu'elle ne puisse se passer du secours incessant d'un bandage compressif.

Il reste donc deux méthodes principales en présence, la réunion immédiate avec ses différents procédés, et la réunion par seconde intention.

Les chirurgiens qui craignent les exhalations péritonéales, l'inflammation, la suppuration du sac, enfin la rétention de liquides nuisibles ou leur refoulement vers le péritoine, laissent une issue facile aux liquides. Les partisans de la réunion immédiate ferment au contraire avec beaucoup de soin la plaie pour éviter le contact irritant de l'air; ils préviennent ainsi l'inflammation et la suppuration, ou la bornent dans de si faibles limites, qu'elle ne peut être nuisible.

Il est plus que prouvé que dans certains cas, l'on peut obtenir des réunions très-rapides, que l'exhalation péritonéale peut manquer complétement, que la plaie peut se cicatriser et que les parois opposées des séreuses peuvent après la réduction de la hernie s'unir sans suppuration. Dans d'autres cas traités par la réunion par seconde intention, on a vu des suppurations abondantes du sac, des exhalations péritonéales trouver un écoulement facile entre les lèvres de la plaie, et plus tard cesser et disparaître sans péritonite. Il est donc bien certain que ces deux méthodes ont leurs indications. Sagement appliquées, elles peuvent l'une et l'autre être utiles.

La plupart des auteurs ont été exclusifs dans le procédé de pansement employé après la herniotomie. Je crois au contraire que l'on doit se laisser guider dans le choix de la méthode à suivre par les conditions spéciales où se trouvent les malades.

La méthode devra donc varier suivant les cas, il faut chercher à établir avec soin les conditions spéciales qui réclament la réunion immédiate, et distinguer les cas qui ne sauraient être traités avec succès que par la réunion secondaire.

L'opération de la herniotomie avec ouverture du sac et débridement, crée une plaie qui se trouve dans des conditions analogues aux plaies pénétrantes de l'abdomen. L'étranglement auquel on porte remède par l'opération n'entraîne pas forcément l'inflammation des parties étranglées; l'intestin hernié et le sac qui l'accompagne peuvent être relativement sains.

Les phénomènes de l'étranglement sont surtout des phénomènes réflexes dus aux compressions douloureuses des *plexus* nerveux des parties étranglées. La lésion locale peut être inappréciable, les phénomènes vasculaires nuls, et pourtant les troubles généraux peuvent être des plus graves. L'intestin réduit n'a que fort peu de tendance à s'enflammer dans la cavité abdominale, s'il a été réduit sans avoir été préalablement fortement contus ou trop fortement et trop longtemps serré. Quand l'intestin réduit est sain, la cavité abdominale exactement réunie ne donne ordinairement lieu à aucune exhalation péritonéale. Lorsque de pareilles exhalations ont lieu, elles sont le résultat de l'inflammation de la séreuse, soit sur l'intestin, soit sur le sac. Le sac placé à l'abri de l'air, et dont la cavité est effacée par l'adossement des séreuses, est dans les meilleures conditions pour échapper à l'inflammation. Les exhalations séreuses ou la suppuration n'auront pas lieu si le sac n'est pas déjà enflammé au moment de l'opération.

Personne n'ignore avec quelle facilité s'unissent les séreuses qui sont saines et dont les parois sont adossées. Une douce et légère compression sur le sac et au niveau de son collet, peut en effacer la cavité par adhésion des parois opposées. La plaie du débridement sera dans les conditions d'une plaie sous-cutanée, et les phénomènes de cicatrisation pourront se faire comme dans ce genre de plaie.

Quand donc on aura réduit un intestin sain, la réduction n'aura le plus souvent aucune conséquence fâcheuse.

Les exhalations péritonéales n'ayant aucune tendance à se produire, il ne sera nullement nécessaire de préparer une voie d'écoulement au dehors; on pourra donc sans inconvénient réunir par première intention.

Dans l'opération de la herniotomie, la peau a dû être incisée et disséquée au devant de la tumeur herniaire. Est-on fondé à espérer la réunion immédiate quand on réunit après l'opération ? De nombreuses observations ont démontré de la façon la plus authentique des guérisons assez rapides avec réunion absolument complète de la peau et du sac herniaire.

On ne réussit pas toujours complétement dans les tentatives de réunion, et, quand on enlève les points de suture du quatrième au cinquième jour, il peut y avoir des points où la cicatrisation ne s'est pas faite, mais grâce au rapprochement des lèvres de la plaie qui a maintenu la séreuse quatre ou cinq jours à l'abri du contact de l'air, l'adhésion s'est faite entre les parois du sac et au niveau de son collet, et désormais la cicatrisation de la peau peut se compléter sans encombre et par seconde intention. La plaie ne présente plus le danger des plaies pénétrantes, elle pourra se cicatriser par seconde intention comme une plaie ordinaire et sans présenter les dangers inhérents aux plaies communiquant avec le péritoine.

Une réunion immédiate qui ne réussit pas complétement à la peau peut donc encore rendre de très-grands services au malade, si elle permet d'obtenir l'oblitération de la cavité du sac et de son collet par adhésion.

On a reproché à la réunion immédiate d'exposer le malade aux fusées purulentes vers le péritoine, de faire refluer vers cette même cavité les liquides contenus dans le sac, de s'opposer à l'écoulement des exhalations péritonéales. On évitera ces dangers en ne pratiquant la réunion immédiate que dans les cas simples, dans ceux où l'intestin réduit et le sac paraissent sains. La réunion dans ces cas se fait sans la moindre exhalation séreuse ou purulente. Le plus grand danger serait la pénétration de l'air par une réunion incomplète, on courrait le risque de voir dans ce cas se développer de l'inflammation et de l' puration. La réunion est ici un traitement préventif de l'inflammation.

Il peut se faire, malgré les conditions en apparence les plus favorables, qu'il survienne des complications inflammatoires inattendues. En pareil cas, on peut reconnaître ces complications et prévenir les inconvénients de la réunion en enlevant en partie ou en totalité les points de suture.

Le début d'une inflammation s'annoncera par de la douleur du côté de la plaie, de la chaleur, quelques battements dans les lèvres de l'incision, de l'insomnie, un peu de fièvre. Ces symptômes seront le plus souvent suffisants pour avertir le chirurgien d'une complication inflammatoire et lui donner le temps de faire céder la réunion.

Devra-t-on, en prévision de cet accident, ne jamais faire de réunion absolument complète et laisser une voie toujours ouverte à l'écoulement de la sérosité ? Je crois qu'en agissant ainsi dans les cas simples on provoquerait, pour ainsi dire, l'accident que l'on redoute : la porte qu'on laisse ouverte pour l'écoulement de la suppuration est celle par où s'introduit l'irritation qui la produit.

Etant admis en principe qu'il est bon, dans certaines conditions, d'obtenir la réunion immédiate, et que ce procédé met les malades dans de bonnes conditions de guérison, il faut aborder la question pratique qui consiste dans l'étude des meilleurs moyens destinés à favoriser la réunion.

On peut obtenir la réunion immédiate à l'aide des sutures. Je rejetterai la suture du sac, car elle ne me paraît pas nécessaire pour l'adhésion. Les points de suture, n'étant pas nécessaires, ne peuvent être que nuisibles, puisque dans certains cas ils peuvent être le point de départ d'irritations qui peuvent se propager à toute la séreuse du sac et au péritoine.

La réunion de la peau par des points de suture me paraît, au contraire, un des moyens les plus efficaces pour assurer la bonne coaptation des bords de la plaie, pour la mettre aussi exactement que possible à l'abri du contact de l'air.

Quelques chirurgiens, craignant pour la peau l'irritation des points de sutures, ont proposé les agglutinatifs, la suture sèche et le collodion. Avec ces moyens, il est bien rare que l'affrontement soit exact et que les agglutinatifs ne se décollent pas; l'avantage apparent qu'offrent les agglutinatifs se trouve compensé par la sûreté de la réunion avec la suture. Il est toutefois utile d'user des agglutinatifs, de la baudruche gommée ou du sparadrap, pour mettre la ligne de réunion complétement à l'abri de l'air.

On doit non-seulement s'occuper d'unir bord à bord les lèvres de la plaie, mais encore on doit chercher à obtenir l'adhésion de la face profonde des lambeaux cutanés. Une légère compression peut mettre la face profonde de la peau dans les meilleures conditions pour la réunion.

La même compression, agissant d'une façon médiate sur le sac, en effacera la cavité en mettant en contact les faces opposées de la séreuse. La compression mettra la séreuse dans des conditions favorables à la réunion ; elle s'opposera à une nouvelle hernie par l'orifice herniaire, momentanément affaibli.

On comprime doucement au niveau de la hernie opérée avec de la charpie et de la ouate ; le pansement compressif devient en même temps un pansement par occlusion ; on maintient la ouate ou la charpie par un spica de flanelle méthodiquement appliqué.

On se trouvera bien, pour modérer la douleur au début du pansement, d'appliquer de temps en temps et médiatement par dessus le bandage une vessie pleine de glace, en ayant soin de ne pas en prolonger l'application. On aura soin de la retirer dès que la douleur et la sensation de chaleur cesseront dans la plaie ; on la replacera dès que le malade se plaindra, pour l'enlever de nouveau dès que cela ne sera plus nécessaire. On préviendra ainsi, au début, les mouvements fluxionnaires qui pourraient conduire à l'inflammation.

Si aucune douleur vive ne se manifeste, le pansement ne devra pas être touché avant le quatrième jour, les points de suture seront enlevés, et si la réunion n'est pas complète on continuera à panser à plat. La réunion immédiate ne sera, dans quelques cas, qu'un mode spécial de pansement par occlusion, qui permettra, dans certains cas, en l'absence d'inflammation de la séreuse, d'obtenir plus facilement l'adhésion des parois opposées du sac, l'oblitération de son collet, dans des conditions favorables. Le quatrième ou le cinquième jour, quand on enlève les points de suture, ce résultat est ordinairement presque obtenu ; les points de suture enlevés, si la plaie n'est pas réunie, la cicatrisation peut se faire sans danger par seconde intention.

Nous n'avons étudié, jusqu'à présent, que les cas les plus simples, ceux dans lesquels on réduit un intestin, ou de l'épiploon sain, celui où la peau n'est pas dans des conditions défavorables. Si l'intestin mis à découvert, au lieu d'être sain, est menacé de gangrène ou de perforation, le traitement ne sera pas le même, la réduction d'une anse intestinale ainsi compromise exposerait sûrement le malade à la perforation intestinale dans l'abdomen et à la péritonite.

D'autres fois, l'anse intestinale, après s'être enflammée dans le sac, y aura contracté des adhérences qu'il faudra rompre pour les réduire.

La rupture de ces adhérences porte à la fois une irritation et sur l'intestin et sur le sac qui le renferme ; elle expose le malade à une

inflammation de l'intestin et du sac lui-même. De pareilles circonstances sont peu favorables à la réunion par première intention, elles
placent le malade dans les conditions les plus favorables à la péritonite.
Dans ce cas, l'adhésion des parois opposées de la séreuse dans le sac
a donc très-peu de chances de se faire sans un certain degré d'exhalation séreuse et même de suppuration.

Enfin, on trouve quelquefois dans le sac un intestin rougeâtre en
apparence, enflammé ; la séreuse du sac est injectée. Le sac renferme
une sérosité tantôt d'un jaune citron, tantôt colorée en jaune foncé et
rougeâtre ; ce liquide peut, dans certains cas, renfermer du pus, tantôt
des fausses membranes et des flocons albumineux. L'examen micros-
copique décèle dans ce liquide la présence d'un très-grand nombre de
bactéries. C'est M. Verneuil qui a signalé pour la première fois ce fait
dans un cas où de la sérosité fut extraite du sac d'une hernie étranglée
à l'aide d'un aspirateur de M. Dieulafoy. La présence de liquides dans
le sac indique que la séreuse est en voie d'inflammation et qu'elle ne
saurait se réunir par première intention.

Si l'on rapproche les lèvres de la plaie et que l'on cherche à rapprocher les deux parois de la séreuse, la suppuration et l'exsudation de
sérosité continueront à se faire. Le liquide ne trouvant pas un libre
écoulement au dehors, il est à craindre qu'il ne soit refoulé au dedans
du côté du péritoine.

Lorsque donc, outre l'étranglement, il y a des traces d'inflammation
indiquée par l'exsudation de sérosité, la rougeur de la séreuse du sac,
de l'intestin lui-même, la réunion doit être évitée et c'est au pansement
à plat que l'on doit avoir recours.

Quoi qu'en ait dit Vidal de Cassis, la présence d'une partie non ré-
duite dans le sac et surtout de l'épiploon, contre-indique la réunion ;
l'épiploon suppure, se détruit, et les produits de destruction, d'inflammation de cet organe doivent trouver un libre écoulement au dehors.

Non-seulement le chirurgien doit se préoccuper de l'état de l'intestin et du sac, mais encore de l'état de la peau et des tissus sous-
cutanés. Les manœuvres répétées et énergiques de taxis qui contusion-
nent la peau, compromettent fortement la vitalité de cet organe. Il
n'est pas rare de la voir d'un rouge noirâtre, quelquefois un peu œdéma-
tiée ; elle paraît être décollée des parties sous-jacentes par les froisse-
ments répétés auxquels elle a été soumise. Dans ces conditions, la réunion immédiate sera difficile, quelquefois même impossible ; il ne sera
pas rare d'observer après la réunion une inflammation vive avec em-
pâtement des lambeaux, chaleur et douleur vers la plaie, tendance à
une inflammation phlegmoneuse ; la peau qui a été fortement contu-

sionnée se prête mal aux phénomènes de cicatrisation et de réunion. On devra donc panser la plaie à plat et la mettre aussi complétement que possible à l'abri de l'air sous un pansement ouaté.

Quand les contre-indications à la réunion tiennent seulement aux contusions qui ont porté sur la peau et que le sac et l'intestin sont en bon état au moment de l'opération, on peut espérer la réunion rapide de la séreuse par une légère compression au niveau du sac et de son collet; la peau se réunit plus tard par seconde intention et sans suture.

Les conditions diverses dans lesquelles peuvent se trouver les différentes parties qui constituent la hernie après l'opération peuvent donc modifier les phénomènes de la cicatrisation et de la réunion. Il en résulte des indications assez précises pour la réunion immédiate et pour la réunion par seconde intention.

Il est des cas où la réunion immédiate est le meilleur moyen de prévenir la péritonite, les inflammations du sac et des lèvres de la plaie. Quelquefois, il est même dangereux de chercher la réunion immédiate. Dans certaines circonstances, on doit laisser libre l'ouverture cutanée pour que les produits, soit d'exhalation, soit de suppuration des séreuses puissent être rejetés au dehors sans refluer vers le péritoine, où leur contact causerait les plus grands ravages.

M. Verneuil considère avec raison les liquides qui s'exhalent du sac, que ce soit du pus ou de la sérosité, comme éminemment phlogogènes et susceptibles de déterminer une péritonite, s'ils viennent à toucher la séreuse abdominale. Il est donc urgent, dans les cas où l'on craint l'inflammation du sac, de ne pas faire la réunion immédiate.

Les cas les plus favorables pour obtenir la réunion immédiate, ou tout au moins pour la tenter, sont : les hernies dont l'étranglement est récent et qui n'ont subi que fort peu le taxis, les hernies peu volumineuses, celles qui ne contiennent que de l'intestin ou bien une petite quantité d'épiploon qui a pu être facilement réduit, celles dont le sac ne contient pas de sérosité.

Les cas les plus défavorables sont ceux où la sérosité est trouble jaune rougeâtre, et contient des flocons albumineux; les cas où la sérosité est grisâtre et fétide.

Les cas favorables sont encore ceux où l'intestin et le sac ne sont ni rouges ni enflammés, ceux où l'intestin a sa coloration et sa température normales.

Les hernies étranglées chez les vieillards donneront en général plus de cas de succès que celles de l'adulte, l'étranglement ayant à cet âge une marche moins rapide dans ses lésions, et d'un autre côté la susceptibilité de la séreuse étant moins grande à cet âge. L'existence d'une épidémie d'érysipèle influera sur le choix de la méthode employée par le chirurgien ; elle devra le rendre plus prudent pour l'emploi des sutures. Il faut compter encore sur les conditions spéciales du sujet : la tendance plus ou moins marquée aux suppurations, le lymphatisme exagéré, l'anémie plus ou moins considérable, qui pourrait faire prévoir des suppurations abondantes.

Les difficultés du débridement, l'étendue des incisions qu'il a fallu faire pour faire céder l'étranglement pourront influer sur les chances ultérieures de guérison. Enfin il faut encore ajouter des considérations, spéciales à chaque espèce de hernies, qui pourront peser dans la balance pour le choix du procédé après l'opération.

Les cas défavorables à la réunion immédiate, et par conséquent ceux que l'on doit traiter par la méthode opposée, sont ceux où la hernie est étranglée depuis longtemps. La persistance d'un étranglement peut faire craindre des lésions de l'intestin qui exposent à la péritonite. Après la herniotomie, on peut trouver l'intestin froid, d'une couleur douteuse, paille, ardoisée ; le sac peut être fortement vascularisé, hypérémié, enflammé, épaissi, recouvert de couches plastiques de fausses membranes ; il est souvent rempli de liquide plus ou moins foncé, plus ou moins fétide. Il est évident que toutes ces conditions seront défavorables à la réunion, et dans ce cas il ne faudra même pas la tenter.

Quand l'opération aura porté sur une hernie volumineuse, la réunion ne devra pas être faite ; on aura surtout recours au pansement à plat. On aura encore recours à la même méthode quand on laissera dans le sac une certaine quantité d'épiploon et quand la réduction de l'intestin n'aura pu être faite qu'après la rupture de brides et d'adhérences déjà établies dans le sac.

Les tentatives violentes et répétées de taxis sont encore une contre-indication à la réunion immédiate. Tout le monde sait aujourd'hui que généralement l'on réussit d'autant plus sûrement dans l'opération de la hernie étranglée que l'on a moins longtemps pratiqué de taxis avant l'opération. Ceci est surtout vrai pour la réunion immédiate, qui a d'autant plus de chance de se faire sans suppuration que l'on a moins malaxé la peau qui est au devant de la hernie.

En parcourant les nombreuses observations de hernies traitées par la réunion immédiate, il ne serait pas difficile de retrouver un certain nombre de succès obtenus dans les conditions les plus défavorables, mais ce n'est pas avec des cas exceptionnels qu'il faut tracer les indications d'un procédé chirurgical.

Ce que l'expérience nous apprend, c'est que chaque méthode a ses indications.

Il convient donc de réserver la réunion immédiate pour un certain nombre de cas déterminés, où son influence pourra être des plus heureuses pour obtenir la guérison. J'espère avoir suffisamment indiqué dans quelle mesure et dans quel cas on pourrait avoir recours à l'une ou l'autre méthode.

En somme, on peut résumer les indications de la réunion immédiate de la façon suivante :

Si les tissus sur lesquels a porté l'opération sont sains, il faudra faire la réunion immédiate, qui préviendra l'inflammation et la suppuration, qui favorisera presque à coup sûr la réunion de la séreuse et très-souvent la cicatrisation de la plaie cutanée et des parties profondes. En cas d'accident imprévu, s'il survient de l'inflammation, on est à temps à faire céder les points de suture ou la ligne de réunion.

Si le sac est déjà enflammé, si la peau et les parties profondes sont contusionnées, la suppuration est inévitable; il faudra dans ce cas renoncer à la réunion immédiate qui emprisonnerait la suppuration, pourrait la faire passer du côté du péritoine et par conséquent exposerait le malade à la péritonite et à la mort. Il vaut mieux dans ce cas laisser la plaie sans suture, faire un pansement à plat pour laisser une voie ouverte aux suppurations, qui ont grandes chances de se produire dans le sac herniaire.

J'ai eu l'occasion de pratiquer, dans un assez court espace de temps, deux opérations de hernie étranglée, toutes les deux suivies de succès, grâce à la réunion immédiate. Il s'agissait, dans les deux cas, de hernies crurales de petit volume sur deux femmes, l'une âgée de 46 ans, et l'autre de 75 ans. Dans les deux cas, la herniotomie ne fut pratiquée qu'après plusieurs manœuvres de taxis sur des étranglements datant déjà de plus de 24 heures. Dans les deux cas, la hernie fut trouvée presque sèche.

Sur l'une de mes malades, l'intestin était à peine teinté en rose ; mais sur la femme la plus âgée, le taxis avait déterminé la formation d'un ecchymose sous-séreuse qui rendait l'intestin complétement noir. Malgré cette lésion, je crus pouvoir réduire l'intestin sans danger, l'anse intestinale étant chaude, son aspect luisant indiquant l'intégrité de son épithélium, ses parois ne paraissant ni ramollies ni œdématiées. La réduction ne put être faite, dans les deux cas, qu'après deux débridements portant sur le fascia cribriformis, l'un en haut et en dedans, l'autre directement en haut.

Le peu de volume de ces hernies, l'absence de sérosité louche, trouble ou purulente, dans le sac, l'absence d'épaississement inflammatoire des parois de brides ou d'adhérences, indiquant un commencement de péritonite, m'a décidé, malgré les tentatives un peu longues de taxis, à user de la réunion immédiate pour le pansement.

Les bords de la plaie furent donc réunis par plusieurs points de suture. La ligne de réunion, soigneusement nettoyée du sang qui pouvait la souiller, fut mise à l'abri du contact de l'air par l'application de plusieurs couches de baudruche gommée. Une légère compression destinée à faire adhérer la face profonde des lambeaux fut exercée à l'aide d'un spica. Enfin, des applications de glace furent faites de temps en temps pour modérer le mouvement inflammatoire dans la région de la plaie. La réunion immédiate fut obtenue, dans les deux cas, vers le quatrième jour. Après l'enlèvement des fils, l'adhésion des lèvres de la plaie fut complète, et la guérison s'opéra sans suppuration.

Tous les symptômes de l'étranglement disparurent après la réduction de l'intestin. Les vomissements cessèrent presque immédiatement, les douleurs furent calmées, les malades purent s'alimenter et dormir.

Dans aucun de ces cas, je n'ai cru prudent d'administrer un purgatif. Quand tous les symptômes de l'étranglement ont cessé après l'opération, il est bon, je crois, d'attendre que l'intestin reprenne ses fonctions sans provoquer des contractions trop énergiques ou trop hâtives, qui pourraient, par leur excitation, déterminer de l'inflammation sur un organe qui est tout au moins sous le coup d'une forte contusion.

L'ecchymose sous-séreuse que le taxis a déterminé sur l'intestin de l'une de mes malades me paraît dû non à la violence du taxis, mais à la résistance moindre de l'intestin chez cette malade très-âgée. Je crois, en outre, que la constriction énergique qui gênait la circulation en retour de l'anse intestinale étranglée a facilité la rupture des veines dilatées. J'ai pu voir dans des expériences sur des animaux combien les ecchymoses sous-séreuses sont faciles à produire sur l'intestin fortement serré. Les veines dont la circulation veineuse en retour est gênée se rompent avec facilité. A pression égale, une anse intestinale peu serrée peut résister sans lésion là où une anse fortement serrée se couvre d'ecchymoses.

La réduction de l'anse intestinale ecchymosée n'a donné lieu à aucun accident, et il en sera toujours ainsi quand on n'aura pas confondu l'intestin ecchymosé avec l'intestin gangréné.

L'intestin gangréné a perdu sa température normale : il est presque froid, insensible dans certains cas ; sa couleur est ardoisée ou gris cendré ; sa consistance est molle, ses parois sont flasques ; il y a souvent des plaques blanches ou grisâtres ; la séreuse a perdu son brillant par la chute de son épithélium. L'intestin a une odeur fétide ; il y a dans le sac une sérosité rougeâtre qui présente la même odeur. Dans le cas qui faisait le sujet de l'une de mes deux observations, l'intestin était chaud ; sa couleur était franchement noirâtre, sa consistance ferme, la séreuse brillante ; le sac était à peine humide, et l'intestin n'avait aucune odeur.

La rapidité de la guérison dans ces deux cas m'a paru de nature à fournir un argument de plus en faveur de l'utilité de la réunion immédiate.

Cette méthode, dans les cas simples, a les plus grands avantages : elle prévient l'inflammation et met les plaies dans les meilleures conditions pour la cicatrisation.

Si la réunion immédiate prévient l'inflammation, elle ne peut que nuire quand on l'applique à des plaies déjà enflammées et qui sont forcément destinées à suppurer.

Chacune de ces deux méthodes a donc ses indications et ses contre-indications : l'art du chirurgien consiste à savoir les employer à propos.

Nantes. — Imp. Vincent Forest et Émile Grimaud, place du Commerce, 4.

ASSOCIATION FRANÇAISE
POUR L'AVANCEMENT DES SCIENCES

EXTRAIT DES STATUTS ET RÈGLEMENT
VOTÉS PAR L'ASSEMBLÉE GÉNÉRALE DU 27 AOUT 1874.

STATUTS.

Art. 4. — L'Association se compose de membres fondateurs et de membres ordinaires : les uns et les autres sont admis, sur leur demande, par le Conseil.

Art. 5. — Sont membres fondateurs les personnes qui auront souscrit, à une époque quelconque, une ou plusieurs parts du capital social : ces parts sont de 500 francs.

Art. 7. — Tous les membres jouissent des mêmes droits. Toutefois les noms des membres fondateurs figurent perpétuellement en tête des listes alphabétiques, et les membres reçoivent gratuitement pendant toute leur vie autant d'exemplaires des publications de l'Association qu'ils ont souscrit de parts du capital social.

RÈGLEMENT.

Art. 1er. — Le taux de la cotisation annuelle des membres non fondateurs est fixé à 20 francs.

Art. 2. — Tout membre a le droit de racheter ses cotisations à venir en versant une fois pour toutes la somme de 200 francs. Il devient ainsi membre à vie.

La liste alphabétique des membres à vie est publiée en tête de chaque volume, immédiatement après la liste des membres fondateurs.

Les souscriptions sont reçues :
  Au Secrétariat, 76, rue de Rennes;
  Chez M. Masson, *trésorier*, 17, place de l'École de Médecine.

*Les souscriptions des membres fondateurs peuvent être versées en une seule
fois, ou en deux versements de chacun 250 francs.*